神奇动物在哪里

消失的动物

〔挪威〕莉娜·伦斯勒布拉滕 绘著

余韬洁 译

人民文学出版社
PEOPLE'S LITERATURE PUBLISHING HOUSE

著作权合同登记号 图字01-2020-1507

Author: Line Renslebråten
DYRENE SOM FORSVANT

图书在版编目(CIP)数据

消失的动物 / (挪威) 莉娜·伦斯勒布拉滕绘著；
余韬洁译. -- 北京：人民文学出版社, 2022
(神奇动物在哪里)
ISBN 978-7-02-016846-0

Ⅰ.①消… Ⅱ.①莉… ②余… Ⅲ.①濒危动物—儿
童读物 Ⅳ.①Q958.1-49

中国版本图书馆CIP数据核字(2022)第032461号

责任编辑　卜艳冰　杨　芹
封面设计　李　佳

出版发行　人民文学出版社
社　　址　北京市朝内大街166号
邮政编码　100705

印　　制　上海盛通时代印刷有限公司
经　　销　全国新华书店等

字　　数　85千字
开　　本　889毫米×1194毫米　1/16
印　　张　4.75
版　　次　2022年2月北京第1版
印　　次　2022年2月第1次印刷

书　　号　978-7-02-016846-0
定　　价　65.00元

如有印装质量问题, 请与本社图书销售中心调换。电话：010—65233595

　　世界自然基金会前任主席爱丁堡公爵菲利普亲王曾经写道，如果罗马斗兽场被毁，还有可能通过图纸和照片来重建它，而如果印度犀牛灭绝了，这世上没有任何东西能让它们重返地球……

——《濒危动物》

（世界自然基金会意大利分会名誉主席法柯·普拉泰西 著）

目 录

作者的话

　　植物和动物的灭绝，可能是由一些自然因素造成的，例如它们不能很好地适应生活环境的变化，或是受到了自然灾害的影响。恐龙从地球上灭绝，就是一个很好的例子。科学家认为，它们是在我们的星球被小行星撞击后灭亡的，当时的撞击可能引发了海啸，带来了一场遍及全球的自然灾害。而除此之外，我们人类的活动也导致了过去五百年里有三百多种动物灭绝。自十八世纪工业化的兴起，动物、植物就不断有品种因人类文明的进步而消失了。

　　在本书中，你们将看到这些动物中的一部分活着时的模样，也将听到有关它们如何消失的故事。我希望这些故事能吸引你们，让你们积极参与动物保护行动之中，毕竟它们都是曾生活在我们地球上的奇妙生物！许多动植物因难以适应人为造成的环境变化，如污染、狩猎、现代农业或森林的消失，而逐渐消亡。科学家认为，在未来五十年内，多达一半的物种可能会消失，除非我们严肃认真地保护环境，它们才有可能幸存下来！

　　在本书的最后，你还会读到关于一些濒危物种的近况，以及为了挽救它们，我们应采取的行动。仅仅在挪威，就有超过三千种被列入濒危物种名单。这里面不仅有哺乳动物，还包括鸟类、两栖动物和昆虫。

　　幸运的是，现在采取行动来阻止它们的灭绝还为时不晚。让我们付出努力挽救这些生命，并鼓励更多人加入这项神圣的工作中吧。参与的人越多，我们保护物种多样性的力量就越大！

不会飞的鸟

渡渡鸟

你听说过《爱丽丝梦游仙境》的故事吗？你知道爱丽丝在梦中遇到的一个角色就是渡渡鸟吗？——一种奇怪的、长得像火鸡但不会飞的鸟。自从一八六五年这部童书出版后，渡渡鸟这种生物就人尽皆知了。而且在当时，"死得像渡渡鸟一样"＊这句俚语也变得非常流行（现今仍在使用），尽管当时最后一只渡渡鸟已消失近两百年！

在印度洋上，马达加斯加以东，就是毛里求斯岛。渡渡鸟在那里过着没有天敌的快乐生活。因为那座岛上没有其他哺乳动物生存，所以它可以安全地在地上筑巢，并以树上掉落的水果为食。

十六世纪，抵达毛里求斯岛的第一批人是来非洲买卖香料的海员。后来这个岛屿成了海上航线的重要补给站，在海上航行了几个月的船只大多会在这里停下，补给食物和水。而船上的海员们，因在海上漂泊了许久，都

＊意指消失得彻头彻尾、无法挽回。——译者注

非常渴望吃点新鲜肉食。就这样，容易捕获的渡渡鸟便成了他们的目标。渡渡鸟的英文名字"dodo"，来自葡萄牙语，意为愚蠢的或容易受骗的。如果一只渡渡鸟被抓住了，其他渡渡鸟都会跑来帮助它。对于猎人来说，这真是方便，唯一不如意的是，渡渡鸟的肉并不怎么好吃。

不仅如此，登陆毛里求斯的船，往往还载有猪、老鼠和猴子。这些动物有的偷偷溜下船，登上了这座美丽的绿色海岛。这些动物很轻易就能吃掉渡渡鸟下在地上的蛋，不知所措的渡渡鸟只能眼睁睁地看着这一切。结果，能成功孵化的幼鸟越来越少。仅仅在第一批欧洲人抵达该岛一百年后，渡渡鸟就成了非常稀有的鸟类。一六八一年，最后一只渡渡鸟在毛里求斯的森林深处死去了。

你知道吗？

- 渡渡鸟于1505年首次被发现
- 渡渡鸟没有天敌，因此它不会飞
- 渡渡鸟靠水果和坚果为生
- 渡渡鸟高约1米，体重可达30千克
- 渡渡鸟消失后，毛里求斯的一种特殊树木也灭绝了，因为这种树的种子必须经过渡渡鸟的肠道，才能发芽生长成新的树木

时尚女帽的牺牲品

卡罗莱纳长尾鹦鹉

十九世纪后期，追求时尚的女性开始佩戴装饰有羽毛、翅膀甚至整只鸟类标本的帽子。羽毛围巾和羽毛帽子的大流行，使得制帽业仅在一八八六年就杀死了五百万只鸟！

后来，美国政府不得不通过一项法律，禁止猎杀鸟类来制帽，其实就是为了防止那些美丽的鸟类灭绝。其中一种因其多彩的羽毛被人类猎杀导致灭绝的鸟儿，就是北美唯一的野生鹦鹉，卡罗莱纳长尾鹦鹉。

　　卡罗莱纳长尾鹦鹉以庞大群体聚居生活，彼此非常忠诚。让人感到难过的是，这使得人类很容易抓住它们：如果一只鸟儿中枪，其他鸟儿就会聚集在受伤或死去的朋友身边。

　　后来，人类为了开垦农场，大量砍伐这些鸟儿居住的森林。最后幸存的卡罗莱纳长尾鹦鹉也被当地农民开枪打死了，因为它们吃庄稼。

　　辛辛那提动物园是最后一座拥有卡罗莱纳长尾鹦鹉的动物园。这只鹦鹉名叫印加，也于一九一八年死去了。

你知道吗？

- 当地的印第安人把卡罗莱纳长尾鹦鹉叫作黄脑袋鸟

- 曾有报道，一只吃了卡罗莱纳长尾鹦鹉的猫中毒死了，科学家认为，这是因为这种鹦鹉以有毒的浆果为食导致的

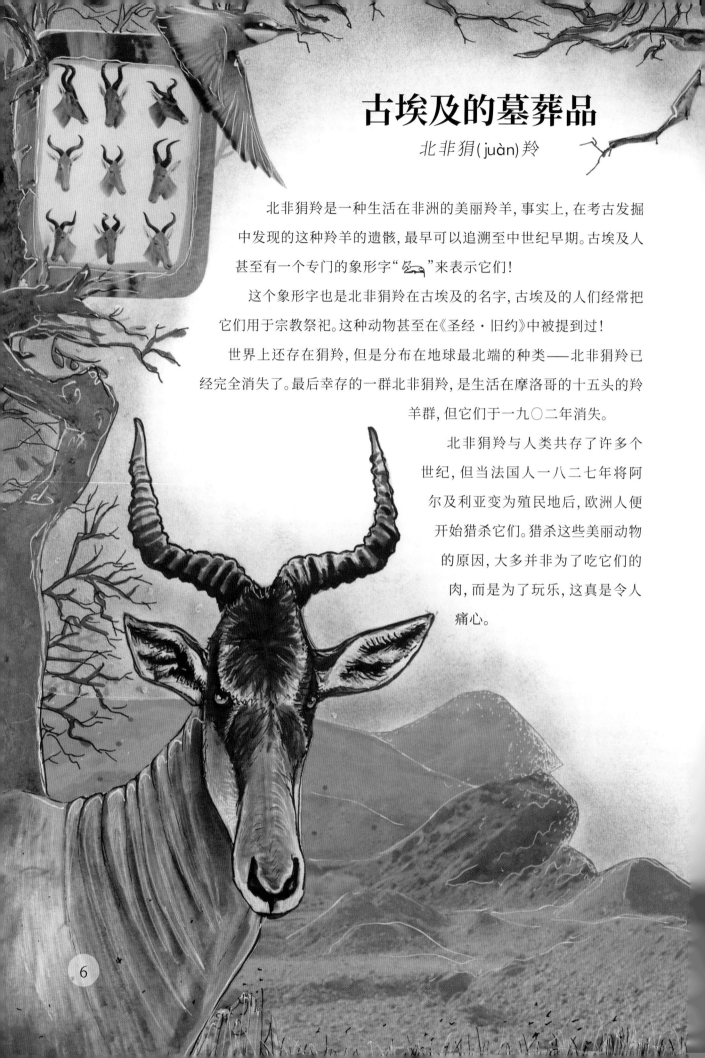

古埃及的墓葬品

北非狷(juàn)羚

北非狷羚是一种生活在非洲的美丽羚羊，事实上，在考古发掘中发现的这种羚羊的遗骸，最早可以追溯至中世纪早期。古埃及人甚至有一个专门的象形字"🐂"来表示它们！

这个象形字也是北非狷羚在古埃及的名字，古埃及的人们经常把它们用于宗教祭祀。这种动物甚至在《圣经·旧约》中被提到过！

世界上还存在狷羚，但是分布在地球最北端的种类——北非狷羚已经完全消失了。最后幸存的一群北非狷羚，是生活在摩洛哥的十五头的羚羊群，但它们于一九〇二年消失。

北非狷羚与人类共存了许多个世纪，但当法国人一八二七年将阿尔及利亚变为殖民地后，欧洲人便开始猎杀它们。猎杀这些美丽动物的原因，大多并非为了吃它们的肉，而是为了玩乐，这真是令人痛心。

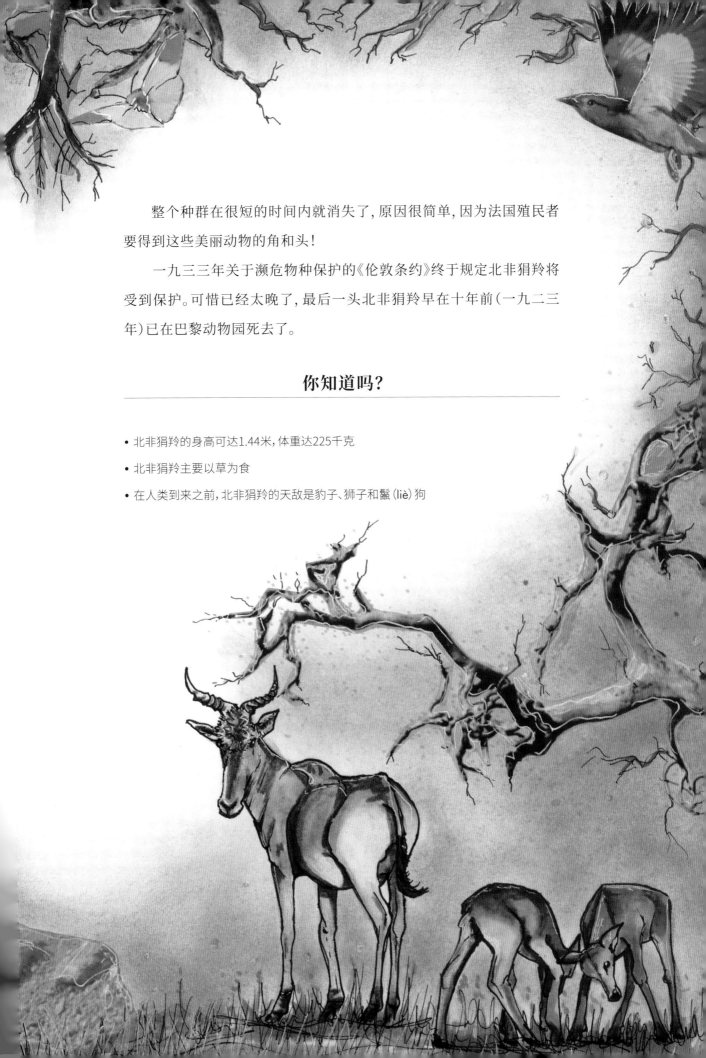

　　整个种群在很短的时间内就消失了,原因很简单,因为法国殖民者要得到这些美丽动物的角和头!

　　一九三三年关于濒危物种保护的《伦敦条约》终于规定北非狷羚将受到保护。可惜已经太晚了,最后一头北非狷羚早在十年前(一九二三年)已在巴黎动物园死去了。

你知道吗?

- 北非狷羚的身高可达1.44米,体重达225千克

- 北非狷羚主要以草为食

- 在人类到来之前,北非狷羚的天敌是豹子、狮子和鬣(liè)狗

长江女神

白鱀(jì)豚

二〇〇六年的一天，白鱀豚保护组织的一个大型研究团队在中国长江开展了野外科考。他们这一行带上了水下摄像机、水下麦克风和测量仪表，整整六周，他们都在仔细搜寻白鱀豚的踪迹。然而他们什么也没找到，因此只能判定为，白鱀豚现在已经灭绝了。

白鱀豚是四种淡水豚中的一种。它们是联系紧密的社会性动物，但并非像其他豚类一样群居，而是大多成对生活。

科学家们对这些淡水豚仍然了解不多，因为它们非常害羞，尽可能离人远远的。我们所知道的是，白鱀豚视力不佳。因此，它们使用回声定位（借助声音确定物体位置）来探路。白鱀豚的皮肤柔韧而美丽，因此曾用于制作价值不菲的皮包和手套。

此外，这些河豚很难适应越来越严重的水污染，和越来越多的船只往来。最后一次有人观察到白鱀豚的活动是在二〇〇二年。

　　白鱀豚也被称为"长江女神"，在地球上存活了两千多万年。要做到这一点，它不得不适应一切变化，但最终，过度捕捞和船舶运输导致了它的灭绝。

你知道吗？

- 白鱀豚出水呼吸只用10秒至20秒，就能再次下潜
- 白鱀豚体长2米至3米，体重可达230千克
- 白鱀豚的食物主要为鱼
- 一般豚类是两个胃，而它是为数不多的三个胃的豚类之一

从世界之最
到彻底灭绝
旅鸽

忽听空中"嗖嗖""嗖嗖"的声音，随即整个天空黑压压一片，全是挥舞的翅膀，简直就像发生了日食一般。这种景象在十九世纪的北美，原本非常常见，通常会持续数小时。旅鸽总是结群飞行，而鸟群数量之庞大可以覆盖空中数平方千米的范围！

旅鸽数量如此之多，以至于它们筑巢下蛋时，成片的森林都将被占据。曾有报道说，猎人碰到它们都会扔下猎枪撒腿就跑，因为它们的叫声实在太尖厉刺耳了。鸟群如此庞大，飞得又这么低，如果有人在旅鸽飞过的时候朝空中射击，是一定能打中好几只的。当时的旅鸽不仅数量庞大、喧闹吵人，它们还是一道流行的美味。

那时的人们为了得到这些美味的鸟儿无所不用！他们用枪射它们，用网捕它们，用耙子攻击它们，还朝它们扔土豆，这样它们就会掉下来；还有的用洒上威士忌的谷物来毒杀这些鸟儿，甚至还会放火焚烧它们的巢穴。

一八七八年，除了密歇根州的

10

大片地区外，其他地区的旅鸽数量大幅减少。捕杀它们的猎人来自四面八方。仅仅五个月，每天都有五万只鸟儿被杀！无人试图阻止这场无情的屠杀，很快野生旅鸽就只剩下一万五千只。

　　一九一四年，最后一只幸存的旅鸽在美国辛辛那提动物园死去。它叫玛莎，活了二十九岁，从未下过一枚卵。它死后被制成标本，你还可以在华盛顿的史密森尼国家自然历史博物馆见到它。

你知道吗？

- 在人类开始捕猎旅鸽之前，它们没有天敌，这是因为它们数量众多又喧闹嘈杂，把所有的猎食动物都吓跑了
- 旅鸽一度达到了80亿只
- 在旅鸽居住的森林里，曾因为它们的鸟巢太多，树枝都不堪重负折断了

州徽上的身影

袋狼

一九三六年的一个寒冷刺骨的冬夜,故事就发生在此刻的澳大利亚外海的塔斯马尼亚岛上。岛上的博马里斯动物园的兽舍外面,本杰明——世界上最后一头袋狼站在那儿冷得发抖。袋狼饲养员忘了把它的屋锁打开,让它能进屋过夜。袋狼在野外生活时是习惯在洞穴中过夜的,即便被圈养,它们仍需要一个小棚屋。本杰明躺在冰冻的地面上,头枕着前腿,雪花在它的鼻子周围飞舞。就这样,世界上最后一头袋狼最后一次睡着了——那天晚上它被冻死了。

袋狼(或称塔斯马尼亚狼)是一种很害羞的野生动物,总是远远地躲着人类。因此,今天的我们对它们了解不多。但我们所知道的是,它们的行动速度并不是特别快,而且姿势略显僵硬和奇怪:有时靠两条腿行走,用尾巴支撑自己,就像袋鼠一样,实际上它们也可以这样跳跃。

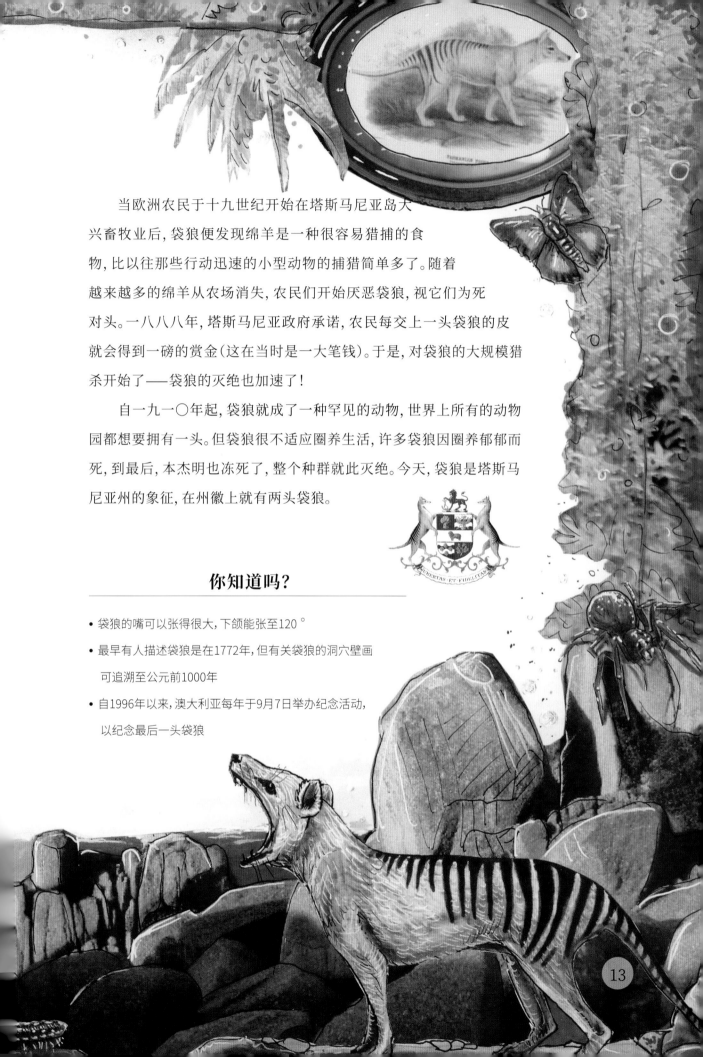

当欧洲农民于十九世纪开始在塔斯马尼亚岛大兴畜牧业后，袋狼便发现绵羊是一种很容易猎捕的食物，比以往那些行动迅速的小型动物的捕猎简单多了。随着越来越多的绵羊从农场消失，农民们开始厌恶袋狼，视它们为死对头。一八八八年，塔斯马尼亚政府承诺，农民每交上一头袋狼的皮就会得到一磅的赏金（这在当时是一大笔钱）。于是，对袋狼的大规模猎杀开始了——袋狼的灭绝也加速了！

自一九一〇年起，袋狼就成了一种罕见的动物，世界上所有的动物园都想要拥有一头。但袋狼很不适应圈养生活，许多袋狼因圈养郁郁而死，到最后，本杰明也冻死了，整个种群就此灭绝。今天，袋狼是塔斯马尼亚州的象征，在州徽上就有两头袋狼。

你知道吗？

- 袋狼的嘴可以张得很大，下颌能张至120°

- 最早有人描述袋狼是在1772年，但有关袋狼的洞穴壁画可追溯至公元前1000年

- 自1996年以来，澳大利亚每年于9月7日举办纪念活动，以纪念最后一头袋狼

猪脚和无尾

豚足袋狸

　　澳大利亚豚足袋狸的拉丁语名的意思是猪脚和无尾。但这个名字的确立其实是一场误会，因为豚足袋狸的尾巴实际上是所有袋狸科（豚足袋狸所属的科）中最长的。

　　人们对此的解释是，第一个描述豚足袋狸并给它命名的生物学家，拿到的样本是一只不幸失去了尾巴的豚足袋狸，因此他以为这种动物天生就没有尾巴。这个错误直到很多年后才被发现，但是原来的拉丁语名已被广泛使用，再给豚足袋狸取一个新的拉丁语名为时已晚。

　　在过去，澳大利亚原住民会定期焚烧大地上的某块区域，这既是一种狩猎方式，也是一种宗教习俗。这有助于控制矮树丛和灌木丛的生长范围，避免了大规模森林火灾的爆发，而新生树木和草也可从火灾的灰烬中获得良好的生长条件。

　　许多动物靠着这些新生植物生活得很好，豚足袋狸就是适应了这一切的物种之一。但白人来到澳大利亚以后，改

16

变了原住民的习俗,用篝火焚烧的传统几乎完全消失了。豚足袋狸失去了它们习惯的生活方式,种群开始消亡。

科学家们并不十分确定这个物种何时消失的,但人们发现最后一只豚足袋狸并将其带到博物馆是在一九〇一年。另外,据说有原住民在一九五〇年还见到过活的豚足袋狸,所以,也许有一些还活着也并非完全不可能。

你知道吗?

- 豚足袋狸的前脚有两个脚趾,后脚有四个脚趾,跟猪蹄很像,因此得名豚足
- 豚足袋狸视力不佳,但听觉和嗅觉都极好
- 豚足袋狸在夜间最为活跃
- 蚂蚁是它最爱的食物
- 豚足袋狸以其多种多样的运动方式而闻名,既会以一种略显怪异和笨拙的方式小跑,有点像慢镜头的兔子跳,也会在被追猎时快速敏捷地飞奔

随蚊子一道消失

暗色海滨沙鹀(wú)

　　一九八六年，美国《纽约时报》刊登了一篇关于一只小鸟的文章。这只鸟儿被命名为橙带（以腿上的橙色标记命名），特征为一只眼睛失明了。它是世界上最后一只暗色海滨沙鹀。

　　橙带之所以成了该种群的最后一只，有多方原因，而一种剧毒的喷雾剂才是最终决定这个物种命运的。这种喷雾剂被喷洒到它们的栖息地，并不是为了杀死它们，而是为了制服蹂躏佛罗里达州梅里特岛沼泽地区的蚊子。该岛还被人为淹没，以缓解附近的肯尼迪航天中心的蚊子问题。不幸的是，消失的不仅仅是蚊子，暗色海滨沙鹀的食物、栖息地和巢穴也都消失了。似乎这还不够，周围的沼泽也被抽干，因为那里将要修建高速公路。

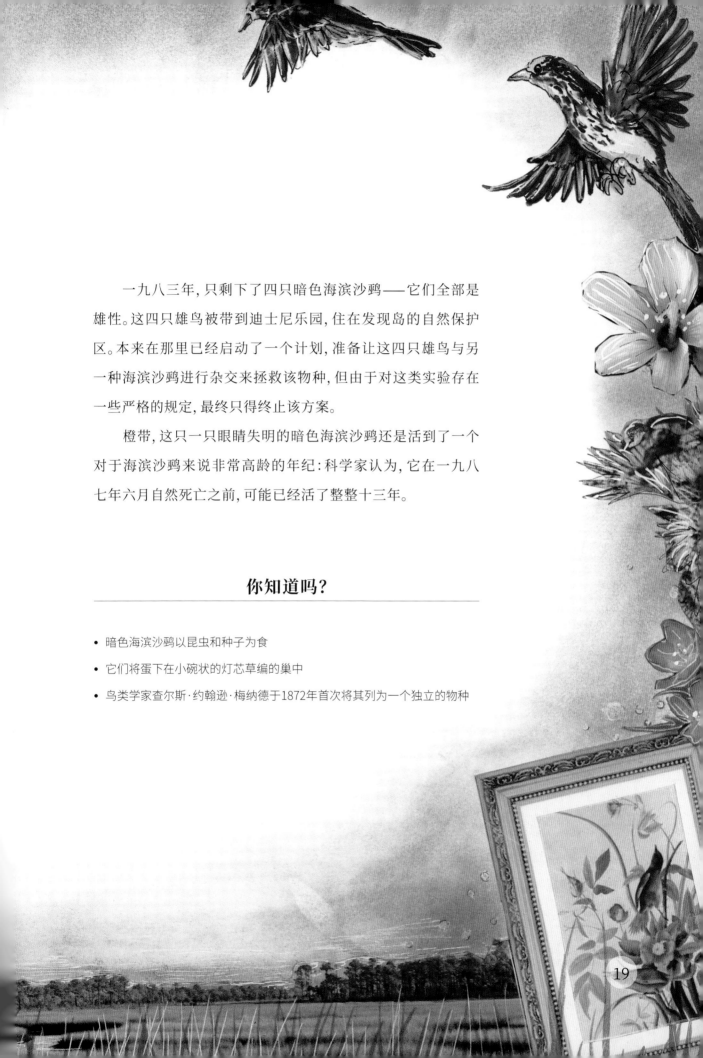

一九八三年，只剩下了四只暗色海滨沙鹀——它们全部是雄性。这四只雄鸟被带到迪士尼乐园，住在发现岛的自然保护区。本来在那里已经启动了一个计划，准备让这四只雄鸟与另一种海滨沙鹀进行杂交来拯救该物种，但由于对这类实验存在一些严格的规定，最终只得终止该方案。

橙带，这只一只眼睛失明的暗色海滨沙鹀还是活到了一个对于海滨沙鹀来说非常高龄的年纪：科学家认为，它在一九八七年六月自然死亡之前，可能已经活了整整十三年。

你知道吗？

- 暗色海滨沙鹀以昆虫和种子为食
- 它们将蛋下在小碗状的灯芯草编的巢中
- 鸟类学家查尔斯·约翰逊·梅纳德于1872年首次将其列为一个独立的物种

孤独乔治

平塔岛象龟

最后一只平塔岛象龟生活在太平洋加拉帕戈斯群岛之一的平塔岛上。这是一只雄龟，死于二〇一二年。根据吉尼斯纪录，当时活着的它是这世上最稀有的动物！

十九世纪，一些渔民在平塔岛上发现了平塔岛象龟。他们中有好些人试图带一只平塔岛象龟到大陆去，但因为龟肉的味道实在太好，他们从未办到过——每次象龟都在途中被吃掉了！

南美洲国家的海员们长途航行时，经常登陆平塔岛，以便在继续航行之前补充食物和水。为了确保获得新鲜的山羊奶和山羊肉，有人想出了在岛上放牧山羊的"绝妙主意"。如他们所愿，山羊在岛上生活得很好，很快三只山羊就变成了四万只！但是这些山羊全都要进食，它们席卷了岛上的所有草和能够到的嫩树叶，而这些也是象龟赖以生存的。于是，象龟一只接一只地消失了——由于食物短缺。

二十世纪七十年代，科学家本以为平塔岛象龟已经完全灭绝了，直到一位匈牙利生物学家在岛上发现了一只孤零零的象龟蹒跚而行。象龟的发现成了各大报纸的头条新闻,当时有一位大红大紫的电视喜剧演员名叫乔治·戈布尔,因此美国的新闻记者提到象龟时,便把它叫作孤独乔治。

孤独乔治成了加拉帕戈斯群岛保护工作的一种吉祥物。由于是山羊把象龟赶跑的,平塔岛上便启动了一个消除所有反刍动物的项目。

二〇〇三年,该岛被宣布为"无羊岛",也许是期待着有一天象龟会重返这里吧。二〇一二年,在加拉帕戈斯群岛的另一座岛上,就发现了有部分基因与平塔岛象龟相似的象龟!

你知道吗?

- 加拉帕戈斯群岛的多个岛屿上还有其他种类的象龟
- 已知的最老象龟活了152岁
- 平塔岛象龟是1535年被发现的
- 象龟的身体可以持续生长直到大约50岁,体重可超过200千克
- 象龟几乎可以在整整一年内不进食或不饮水,因为它们的身体非常善于储存营养

Geochelone abingdoni
R1P
24 de Junio 2012 (June 24th, 2012)

Solitario George | Lonesome George

新西兰巨鸟

摩亚鸟

想象一下，一只两米高、二百五十千克重的鸟儿会是什么样的！摩亚鸟是有史以来最大的不会飞的鸟，它曾经是新西兰的国家象征。

事实上，新西兰的原住民毛利人一直在猎捕摩亚鸟，直至其消失，消失时间很可能是在约六百年前。这么大的鸟儿很容易被箭和矛击中。被捕获的摩亚鸟其身体大部分都派上了用场：肉被吃掉了，羽毛和皮肤变成了衣服和装饰品；人们还用它的骨架制成鱼钩和首饰。

摩亚鸟有九种不同种类，这些种类都与鸵鸟和几维鸟有亲缘关系。但不是所有种类的体形都那么大，最小的只有火鸡般大小。不同种类的摩亚鸟喜欢生活在不同的地方。有些喜欢山区，有些则喜欢森林和平原。想想欧洲科学家直到一八四〇年才发现了摩亚鸟可真是挺奇怪的，那个时候摩亚鸟已经灭绝了很长时间！科学家在新西兰发现了摩亚鸟的骨架，但由于毛利人没有书面语言，关于这种鸟儿的故事只有口头叙述，因此我们对它们知之甚少。

直到二〇一四年，新西兰政治家特雷弗·马拉德才提出建议，让科学家们尝试借助克隆技术让摩亚鸟重返人间，所以谁知道呢，也许将来某个时候我们可能会碰上一只两米高的鸟！

你知道吗？

- 在人类开始捕杀摩亚鸟之前，哈斯特鹰是摩亚鸟的天敌
- 摩亚鸟的样子像是一只巨大的鸵鸟，但羽毛更黑、更蓬乱，像是毛皮一样
- 这种鸟以树木和灌木的叶子为食
- 它的每只脚有三个向前的脚趾和一个向后的脚趾

因耕地扩大而灭绝

熊氏鹿

　　十九世纪末期，有一个德国人是泰国铁路的负责人。这人喜欢充满异国情调的动物，在泰国沙拉武里府他家的园子里，有一整园的稀有动物！一天，市长为了给这位铁路负责人留下好印象，送给他一头美丽的鹿，长着一副壮观富丽的鹿角。这是一头熊氏鹿，此后它一直住在铁路负责人的园子里，直到他必须搬回德国。

　　回德国之前，这位铁路负责人写信给柏林的动物园，询问他们是否愿意接收他所拥有的动物。柏林动物园非常乐意。就这样，生活在欧洲的最后一头熊氏鹿于一九一一年老死异乡。

实际上，稻米生产是导致这种鹿种群消失的主要原因。十九世纪后期，泰国大米的出口量增大，泰国需要更多的耕地来种植大米。熊氏鹿生活的草原慢慢变成了稻田，随着稻田的面积越来越大，鹿也就越来越少。

人们为了获取美丽鹿角而对熊氏鹿展开了大量猎捕，杀死了仅剩的那些鹿，最终导致它们灭绝。

然而，一九九一年，在老挝一家中药店里出现过一对熊氏鹿的鹿角。事实证明，这些鹿角被割下并不久，因此我们对熊氏鹿尚未彻底灭绝这件事还可以抱有希望。也许它们仍然存在于这世上的某个地方呢。

你知道吗？

- 熊氏鹿最出名的是它的大鹿角，就像一个皇冠，可长达32厘米至83厘米
- 熊氏鹿以草、水果和树叶为食
- 它到肩隆处的高度可达104厘米，体长可达180厘米
- 熊氏鹿是以1857年至1864年在曼谷居住的一位英国大使的名字命名的

生活在热水中的鱼

提可巴鳉

　　小小的提可巴鳉，平均寿命仅为两年，而这两年都是在非常热的温泉水中度过的。它们生活在加利福尼亚州莫哈韦沙漠的温泉中，那里的温度可高达四十三摄氏度！自一九七二年以来，生物学家和研究人员都没有再找到这种鱼的任何一个个体，直到一九八一年，提可巴鳉被宣布已灭绝。

　　提可巴鳉之所以会消失，是因为人们打算靠提可巴的天然温泉赚钱。二十世纪五六十年代，提可巴的温泉很受欢迎，很多游客慕名前来。为了更好地商业运营，温泉一带被改造成更适应人类活动的区域。提可巴鳉受不了这种变化，慢慢地消失了。你想，它们得忍受一万八千名浴场客人分享属于自己的深潭，这种滋味一定很不好受吧！

　　令人不得不深思的是，这种小小的鱼自冰河时代就一直适应环境活了下来，却没有躲过人类的入侵。

你知道吗？

- 提可巴鲈体长不超过1.5厘米

- 以蓝绿藻和蚊子幼虫为食

- 雌鱼身上有条纹，雄鱼在交配季节会由白褐色变
  为蓝色

以巫术获罪

桑给巴尔豹

非洲许多地方的原住民都认为豹子会施黑魔法！桑给巴尔岛上的居民就确信，那些敢靠近村庄并袭击人类的豹子其实是巫婆的宠物，它们是被训练来祸害村民的。

如果有人呕吐出豹毛，这就是附近有巫豹出没的迹象了。那么这人可能就很危险了！

二十世纪六十年代，桑给巴尔爆发推翻君主制的革命后，兴起了一

场运动,即搜捕所有女巫或会施黑魔法的人。这场打击巫术的运动持续了五年。在此期间,大量的桑给巴尔豹也被虐杀了,因为人们认为这些豹子被施了一种巫术,能够让女巫的力量更加强大。

等到运动结束,动物保护主义者终于开始关注桑给巴尔豹,可是已经为时太晚——再也找不到桑给巴尔豹了。幸运的是,世界上其他地方还生活着这种豹子,还有许多组织也在为它们今后的生存而努力。

你知道吗?

- 桑给巴尔豹比其他豹的体形小,身上的斑点也更少
- 吃野猪、鹿、鸟类和小型啮齿动物等
- 豹是所有猫科动物中最强大、行动最快、最会攀爬的

被一只猫灭绝的鸟

斯蒂芬岛异鹩

新西兰群岛中，有一座叫作斯蒂芬的小岛。一八九四年，一个叫作大卫·莱尔的人被派到岛上，做了岛上第一个灯塔守卫。他带来了一只叫作蒂布尔斯的猫。这只猫很喜欢住在这座小小的岩石岛上，因为它是个狂热的猎鸟兽，很乐意把猎物带回家给主人看。

一天，蒂布尔斯像往常一样出去打猎了，但这次它带回了十一只褐色的小鸟。猫儿骄傲地把它的猎物摆在灯塔守卫的面前，而他恰好对自然历史非常感兴趣。莱尔马上发现，蒂布尔斯这天带回家的是一种从未见过的鸟儿。这些褐色的小鸟有一只直挺挺的小尾巴，圆圆的翅膀过于短小，因此它们无法用翅膀飞翔。

灯塔守卫将这些死去的鸟儿寄给了英格兰的一位朋友——鸟类学家沃尔特·布勒爵士。爵士把它们报告给了鸟类学会。那儿有许多鸟类学家，负责登记不同种类的鸟类。很快，鸟类学家们证实，小猫蒂布尔斯发现的鸟儿是一种未被发现的新物种！鸟类学家决定把这种鸟称为斯蒂芬岛异鹩。

但当鸟类科学家来到斯蒂芬岛调查这些鸟时,已经太晚了。狂热的猎鸟兽蒂布尔斯已经在岛上恣意猎杀了很长时间。这只猫是岛上第一个猎食动物,它把这种鸟儿的所有个体都杀死了。因此,斯蒂芬岛异鹩被发现的同一年,就被宣布灭绝了!

你知道吗?

- 雌鸟比雄鸟个体大
- 这种鸟很小,可以放在手里
- 在夜间最活跃
- 以小型昆虫为食

骁勇角斗士

巴巴里狮

在古罗马,角斗比赛是流行的娱乐项目,通常以角斗士的互相格斗或角斗士与野兽搏斗来娱乐他人。这正是巴巴里狮真正出名的地方。它是狮子中体形最大的一种,因其厚厚的深色鬃毛而备受赞誉。但不幸的是,狮子和角斗士之间的格斗太受欢迎了,成千上万的狮子在竞技场上失去了自己的生命。

在非洲,王室将巴巴里狮视作一种非常具有魅力的宠物,因此王室成员们都争相在宫廷里养了一些狮子。

在著名的伦敦塔,巴巴里狮也住过。在历史悠久的城堡中蓄养野兽,这种传统始于十二世纪,这也是动物园的前身。

巴巴里狮并不像我们所知道的其他狮子那样社会化,也不喜欢大草原。然而,它们享受

在遍布岩石的山区中生活，而且它们也有厚厚的毛皮，这让它们在冬季下雪时仍能保持温暖。它们的捕猎对象是鹿和野猪。

今天已经没有巴巴里狮了。我们今天拥有的狮子，主要生存在撒哈拉沙漠以南；另外，印度还有一小群亚洲狮。它们的数量如今越来越少，所以让我们来保护它们吧！

你知道吗？

- 巴巴里狮的体重可达280千克
- 人们曾启动过一项克隆这种狮子的研究项目，这个项目利用的是巴巴里狮现存的旁系后裔，但该项目没有得到足够的资金支持而终止了
- 巴巴里狮的眼睛不像其他狮子是棕色的，而是黄色和琥珀色的

世界上最大的熊

阿特拉斯棕熊

直到十九世纪末,阿特拉斯棕熊是世界上最大的熊之一。它们的体重超过四百五十千克!不幸的是,那令人惊叹的巨大体形大概也是它们被猎杀并最终灭绝的原因。

阿特拉斯棕熊是生活在非洲阿特拉斯山脉附近的唯一本土熊种。阿特拉斯山脉横贯摩洛哥、突尼斯和阿尔及利亚,因此这种熊也被称为非洲棕熊。

科学家对阿特拉斯棕熊的起源意见不是很统一,但DNA证据表明,该物种可能同北极熊的关系比棕熊更近。没人确切地知道阿特拉斯棕熊是何时消失的,但直到十九世纪晚期还能观察到阿特拉斯棕熊。科学家们倒是对它们的消失原因有一部分了解:随着强大的罗马帝国将非洲部

分地区并入版图（约公元前二百四十年至公元四百年），成千上万的阿特拉斯棕熊被捕获，用于角斗比赛。它们体形巨大，令人望而生畏，被放去和角斗士、奴隶以及狮子格斗。它们还被用来惩罚罪犯。由于阿特拉斯棕熊通常会在格斗中胜出，所以那些被投入斗兽场的人意味着被判了死刑。此外，罗马人和非洲人都为了获取棕熊华美的皮毛而大肆猎杀。十九世纪，阿特拉斯棕熊还受到了欧洲各动物园的追捧，但这种动物并不能适应圈养生活，所以从未在动物园里繁殖过。

当现代枪械让狩猎变得更加容易之后，阿特拉斯棕熊就完全消失了。

最后一头野生的阿特拉斯棕熊于一八七〇年在摩洛哥被射杀。

你知道吗？

- 阿特拉斯棕熊可高达3米
- 浑身有厚厚的黑褐色皮毛，胸腹部为橙红色
- 主要吃低矮树枝上的坚果和松果，因为它们不太擅长爬树

能发哨音的兔子

意大利鼠兔

一七六五年,动物学家兼牧师弗朗西斯科·塞蒂被派往意大利本土外的撒丁岛,以改进那里的教育体系。他很快被岛上的大自然所吸引,开始收集、绘制并写下他所发现的东西。这些关于撒丁岛自然和历史的资料,最后整理为一套四卷的著作得以出版,正是从这套书中,我们获得了关于撒丁岛鼠兔的大部分知识。塞蒂写道:"这些没有尾巴的大老鼠,在岛上挖了很多洞,搞得人们以为地被猪拱了个底朝天。"

鼠兔的外形就像一只小豚鼠,挪威语名为"鸣声兔",因能发出尖厉哨音而得名。长期以来,现代科学家对它们的研究除了塞蒂的描述以外,没有太多别的东西可倚仗。直到一九六七年,科学家才复原了一具完整的意大利鼠兔的骨架。这具骨架是在撒丁岛上柯贝杜石窟中找到的残骨拼合而成的。

几千年来,意大利本土外的岛屿上有很多这种鼠兔,周边地区的多种动物和猛禽逐渐进化为主要以吃鼠兔为生。

　　我们还知道，六千年前居住在这些岛屿上的人们也猎杀鼠兔，因为已经发现了带有烧烤和啃食痕迹的鼠兔骨架。

　　很可能很早以前，在罗马人将其他啮齿动物引入该岛屿后，鼠兔的数量就已经开始减少了。这些啮齿动物带来了鼠兔未能免疫的细菌和疾病。

　　渐渐地，撒丁岛上的鼠兔将自己的栖息地让给了人类带来的外来物种。它们还有了新的天敌——狗和狐狸。它们很喜欢吃鼠兔，于是十八世纪末，意大利鼠兔就从意大利岛屿上完全消失了。

你知道吗？

- 鼠兔体长约25厘米
- 不是很社会化，喜欢独自生活，也就是既不结对也不成群的生活
- 现今，鼠兔科下尚存一个名为鼠兔属的亚种

森林地表的宝石

金蟾蜍

一九六六年，一位名叫杰伊·萨维奇的科学家首次发现了金蟾蜍。他发现这种小蟾蜍时非常惊讶，觉得它们看起来好像有人把它们在金色油漆里浸过一样！一九八七年，研究两栖动物和爬行动物的科学家玛莎·克鲁普来到中美洲的哥斯达黎加热带雨林，并留在那里研究整个交配季节中的金蟾蜍。一看到那些金色的蟾蜍，她也被迷住了，说它们仿佛是森林地表散落的小宝石。而自一九八九年以后，再也没有人见过这种金蟾蜍了。

金蟾蜍栖息在哥斯达黎加热带雨林的蒙特维多地区。这是我们所知道的第一个因气候变化而灭绝的哥斯达黎加物种。和大多数两栖动物一样，这种非常特殊、皮肤光滑的蟾蜍对环境变化极为敏感。科学家对金蟾蜍的了解仍然很少，因为通常只有在四月份，为期几周的交

配季节才可能对其进行仔细的研究。而那之后，到第二年交配季节之前，都很难再见它们的身影。

　　金蟾蜍是有记载的全球变暖受害者之一。因此，我们现在必须找到方法，以保护那些对气候变化敏感的两栖动物，这样才不会有更多的宝贝从森林地表消失。

你知道吗？

- 金蟾蜍的雄性为橙色，雌性则为黑色、黄色、红色或绿色
- 金蟾蜍吃小型昆虫
- 体长29毫米至56毫米
- 与其他蟾蜍完全不同的是，金蟾蜍的皮肤光滑而明亮

被复活的山羊

比利牛斯北山羊

比利牛斯北山羊是一种身形异常柔韧灵活的山地羊，有着尖硬而弯曲的蹄子，使它能够爬上陡峭的岩壁。

一万年前，人类开始把山羊作为家畜蓄养。他们也试过蓄养比利牛斯北山羊，但这个物种不太适合被圈养。几乎同时，人类开始猎杀这种动物，以便吃它的肉，用它的皮做衣服。

没有人确切知道为什么这个物种会消失，但是有理论推测，它经受不住气候变化，而且也无法与人类蓄养的其他家畜竞争。

当科学家们终于意识到比利牛斯北山羊即将消失时，世界上只剩下十头了。直到一九九三年，人们才制定了一项拯救它们的计划。

一九九九年的一天，一些西班牙生物学家组织去西班牙国家公园徒步。想象一下，他们遇到一头活的北山羊时该有多惊讶！这可能是这个种群的最后一头了，独自在那里生活。生物学家给这头北山羊取名叫作西莉亚，还从它的耳朵处取了血样和皮肤样本，来保存它的DNA以备后用，然后就把它放了。事实证明，他们来得正是时候，因为第二年的一月，它就被发现死在一棵暴风雨中倒下的树下。

　　二〇〇九年,西班牙生物学家利用冷冻组织样本,试图克隆一头比利牛斯北山羊。在西莉亚的DNA的帮助下,他们在另一头山羊身上植入了一颗受精卵,成功地造出了一头小西莉亚!比利牛斯北山羊是生物学家成功克隆的第一种灭绝动物。不幸的是,这只克隆羊仅存活了七分钟,但它给了人们希望,将来科学家有可能复活已经灭绝的动物。

你知道吗?

- 比利牛斯北山羊身高可达60厘米至76厘米,体重达79千克,雄性的角可长达1.5米
- 主要以草和灌木为食
- 天敌是狼、熊和猞猁
- 生活在海拔2500米至4500米之间人类无法通行的悬崖峭壁上
- 比利牛斯北山羊的毛皮会反射阳光,使它们在炎热阳光下保持凉爽
- 弹跳力很好,可以跳到几乎两米高的地方

动画电影的经典角色

小蓝金刚鹦鹉

二○一一年大热的动画电影《里约大冒险》讲述的是一只聪明却天真的蓝色鹦鹉布鲁的故事，它原本是这个物种的最后一只雄鸟。在影片中，我们见到它在美国的一家人的家里生活得很好。后来，布鲁回到了巴西，遇到了另一只小蓝金刚鹦鹉，是只名叫茱儿的雌鸟。它们在拯救自己的物种免于灭绝的同时，不得不共同打击珍稀动物走私犯。该影片的导演卡洛斯·沙尔丹哈表示，他希望这部电影能让人们关注那些威胁巴西珍稀鸟类生存的危险。

据说，蓝鹦鹉布鲁的形象受到了最后一只野生小蓝金刚鹦鹉的启发。这只四十岁的雄鸟被命名为普雷斯利，是最后一只有记载的在巴西热带雨林中出生的小蓝金刚鹦鹉。普雷斯利于二○○二年由美国交还它的祖国。

这些美丽的金刚鹦鹉之所以灭绝，是因为它们的家园在雨林被砍伐数十年之后消失了。再加上走私者或偷猎者的捕杀，最后它们为了获得繁殖用的空心树，不得不与非洲蜜蜂抢夺地盘。

小蓝金刚鹦鹉求偶的鸣声是一种来自腹部的低沉的隆隆声，最终以一个高亢的音调结尾。尽管该物种已经野外绝种，但还有圈养的小蓝金刚鹦鹉，二○一七年全球共有七十一只记录在案。

你知道吗?

- 小蓝金刚鹦鹉主要以坚果和种子为食
- 于1638年首次被发现并记录
- 体形比其他金刚鹦鹉小, 体重约300克
- 雌鸟比雄鸟小

致命的美丽皮毛

海貂

海貂在消失二十年后，才首次被认为是一个独立的物种。它在生物学家有机会对其进行分析之前，就被猎杀殆尽。今天，既没有找到海貂完整的骨架，也没有海貂活体的照片或绘画。不过，在相关描述以及已经发现的部分骨架的帮助下，我们知道海貂的大小是其在陆地上的亲戚的两倍。在海貂的故乡加拿大和北美，它们因为美丽而浓密的尾巴，很受猎人的欢迎。

根据相关描述，它们是一种小型的社群动物。特别是雄性之间可能会互相攻击，忠实地守卫着各自的领土。顾名思义，海貂最喜欢在海边那些遍布岩石、其他动物无法通行的地区生活。在这些地方，它们可以很好地保护幼崽免受猎食动物的侵害，同时也可以轻松获取食物。

北美印第安人猎杀了大量海貂，既为了它们的皮毛，也为了它们的肉，但直到欧洲猎人出现后，它们的数量才真正开始减少。皮草猎人们设置陷阱，用猎犬追赶海貂，还把胡椒和硫黄射进它们藏身的洞穴，好将它们赶出来。美国内战期间，猎人们因一张好貂皮可得十美元的情况并不罕见。对于一个士兵来说，这几乎是整整一个月的工资。

在欧洲皮草市场对皮草日益增长的需求下，海貂走向了灭亡。那时，还没有限制狩猎的相关法规出现。此外，海貂幼仔的死亡率也很高。一切朝着不可抗拒的方向发展，一八八四年，最后一只海貂在缅因州外海的一个

岛上被捕获。

　　海貂的灭绝对我们是一个严肃的警示, 即制定规范物
种捕猎的法律是多么重要, 只有这样才能让种群不会彻底
消失。

你知道吗?

- 海貂有一种非常独特的气味

- 吃海鸟、蛋和贝类

- 曾生活在大西洋沿岸, 从美国马萨诸塞州到加拿大新斯科舍省, 甚至
  可能到纽芬兰岛, 都有分布

长得像狐狸的神秘狼

南极狼

　　长期以来，科学家们一直在挠头，想知道像南极狼这样的类狼猎食动物，是如何来到远在阿根廷以西、南大西洋上孤绝的马尔维纳斯群岛上的。这些岛屿从来不是大陆的一部分，除了一种小鼠外，那里再没有其他哺乳动物了。那儿也不长树，所以人们认为南极狼生活在地下的洞穴中。

　　第一个记录这种动物的是约翰·斯特朗船长，他于一六九〇年返回欧洲的途中经过了马尔维纳斯群岛。他把一头南极狼带上了船，但在回程中，英国人和法国人的舰船交战了。当船员们发射船上的加农炮时，狼被隆隆的炮声吓坏了，竟跳下了海！

十七世纪末，定居马尔维纳斯群岛的第一批居民开始猎杀南极狼。移民者认为南极狼对于他们带来的绵羊是一种威胁，此外，他们还想要它美丽的皮毛。移民者给南极狼起了个绰号叫瓦拉，在南美印第安瓜拉尼语中的意思是"狐狸"。这是因为南极狼拥有略带红色的皮毛和白色的尾巴尖。

一八三三年，英国博物学家查尔斯·达尔文访问了马尔维纳斯群岛。那时，南极狼已经变得非常稀少了，达尔文预测，几年之内它们就会走上和渡渡鸟（见第2页"不会飞的鸟"）一样的路。

就在达尔文离开这里继续航行后，于十九世纪七十年代，南极狼彻底灭绝了。当地人曾说，南极狼会袭击羊群，并吸羊的血，这是无稽之谈。

一头活着的南极狼于一八六八年被带往伦敦动物园，但不幸的是，它没活多久。今天，只能在一些博物馆中找到十来头南极狼的标本。

你知道吗？

- 以海鸟、老鼠、昆虫和幼虫为食
- DNA分析表明，南极狼的祖先生活在33万年前
- 身高可以达到60厘米
- 有适应当地气候的极厚的皮毛
- 拉丁语学名的意思是来自南方的容易上当的狗

一场船难和一头海牛

斯特勒海牛

一七四一年十一月初,圣彼得号在俄罗斯堪察加半岛的海岸附近航行。这艘船从阿拉斯加开过来,遭遇了数次暴风雨后情况很糟糕,再也经不起大折腾了!这艘船的船长是舰队司令维图斯·白令,他的名字后来也命名了令他们得救的那个岛屿。

这艘船后来失事了。一些船员漂泊到了没有树木也无人居住的白令岛上。他们在那里通过捕杀海豹和鸟儿撑了十个月。科学家乔治·斯特勒受俄罗斯沙皇、皇后所托,也参加了这次航行。他利用在岛上滞留的那漫长的十个月,研究和绘制那里的动植物。因此,我们对这次航行的了解大多来自斯特勒的日记。

有一天,他发现了一头巨大的海牛,那头海牛比他见过的其他海牛大得多(后来这种海牛就以他的名字命名了)。这头动物好奇心很重,行动也相当缓慢,所以斯特勒可以近距离观察它。它也不是特别害怕人。

饥肠辘辘的海员们一开始没有抓住它并吃掉。但当他们最终杀死它并烤了它以后，他们发现海牛肉的味道很好，就像最好的牛排一般！凭借从海牛肉中获得的新力量，圣彼得号的船员们成功建造了一艘新船。就这样，他们最终回到了大陆。

关于斯特勒海牛容易捕获、味道又好的消息，很快就传到了其他猎人的耳朵里。二十七年后，斯特勒海牛就灭绝了。

你知道吗？

- 海牛没有牙齿，只有两个扁平的骨骼结构，嘴里上面一个，下面一个
- 以海草和藻类为食
- 游泳速度很缓慢，不能潜水
- 身体长达8米至9米，体重4吨至10吨

从嘴里出生的幼蛙

胃育蛙

胃育蛙不止一种,而是两种,都生活在澳大利亚昆士兰州的原始森林中。这些蛙有一个非常奇妙的特点:它们能在胃里孵化卵,再从嘴里生出幼蛙来!

雌性的个头比雄性大很多。在卵子受精后,雌蛙就会吞下受精卵,随后胃部停止产生胃酸,这样卵就不会被破坏。在整个孵化期内,无论是蝌蚪还是雌蛙都什么也不吃。

发育成幼蛙之后,可能仍需要在雌蛙胃中待上一周时间。如果幼蛙跳出雌蛙口中之后遇到危险,雌蛙会把孩子们重新咽下以保护它们!

随着蝌蚪不断发育,母蛙的胃也会不断膨胀,最终将肺部压缩得难以容纳空气。此时,它们可以通过皮肤获取空气。

南部胃育蛙于一九七二年首次被发现,北部胃育蛙是在一九八四年。二十世纪八十年代末,它们的栖息地逐渐消失。真菌感染也使种群数量急剧减少,对于能利用皮肤呼吸的两栖动物来说,污染是一个重要威胁。很快,这两个物种都宣告灭绝。

　　二〇一三年，澳大利亚新南威尔士大学的研究人员开展了复活这个物种的计划。在实验室里，他们试图用冷冻的DNA来复活胃育蛙。事实上，他们成功地培育出了一只活的蝌蚪，但它只活了几天。尽管如此，研究人员仍然希望在不久的将来能够克隆出胃育蛙来。它们停止分泌胃酸的能力也许有助于我们找到治疗人类胃溃疡的新方法。

你知道吗？

- 胃育蛙的皮肤湿润，并覆着黏液
- 吃小型昆虫、昆虫幼虫
- 苍鹭和鳗鱼是猎食胃育蛙的主要动物
- 南部胃育蛙体长约50毫米，北部胃育蛙更大些，可达79毫米

令人唏嘘的
最后一颗蛋

大海雀

大海雀游泳非常厉害，但不会飞。它们的那身黑白外表，看起来有点像企鹅，所以也被称为北极大企鹅。大海雀栖息在北大西洋沿岸的大部分地区，在挪威沿海的多个地方都发现了石器时代的大海雀指关节骨。

自古以来，大海雀很受人类的欢迎。渔民吃它们的肉，羽毛做了羽绒被和枕头；由于这种鸟身上有很多脂肪，所以还可以从它们身上提炼油用来点灯！

十六世纪的欧洲渔船上，每艘船就有超过一千只大海雀成了渔民的盘中餐！最后，这种鸟变得越来越罕见，欧洲的各个自然历史博物馆之间展开了一场竞赛：每个自然历史博物馆都想在为时已晚之前，弄到一个这种鸟的标本。

我们所知道的最后两只大海雀，生活在冰岛外海的一座小岛上，当地人把它俩分别叫作"皇帝"和"皇后"。由于大海雀实在太罕见了，所以它们的蛋非常值钱。

一八四四年七月三日，三个冰岛渔民被一位富有的收藏家派去寻找最后的大海雀。不幸的是，他们同一时间找到了

皇帝夫妇，还把它们两个同时都杀了。它们的窝里只有一颗蛋，当渔民们站在那儿俯视这颗蛋时，我们可以想象那个场景：他们彼此推搡着，为他们很快就会收到一大笔钱笑开了花。你肯定不相信，推搡中，一个渔民居然踩到了那颗珍贵的蛋！

　　就在这颗蛋被踩个粉碎的那一秒，大海雀永远灭绝了。在奥斯陆的动物博物馆里，你可以看到挪威唯一的一只大海雀标本。

你知道吗？

- 大海雀的挪威语名的意思是"矛鸟"，因为它独特的喙在最前端有一个角状的弯，像一把角形长矛
- 一次只产一枚卵，如果这枚卵被猎人偷走了，它也不会再下新的卵
- 大海雀是有史以来体形最大的海雀
- 以鱼为食
- 身高可达75厘米至85厘米，体重可达5千克

给奴隶的挽具和食物

斑驴

"呱哈哈，呱哈哈！"这是在南非干燥的草原上一度很常见的一种声音，来自一群看起来一半像马一半像斑马的动物。土壤和沙子的颜色是很好的伪装，使它们几乎与周围的干燥景观融为一体。

十七世纪，荷兰人和德国人来到了南非。他们建造了大型的种植园农场，并让非洲奴隶为自己工作。这些农场主被称为布尔人，是第一批开始猎杀斑驴的人。起初，斑驴只是被当作给奴隶的廉价食品，但随后布尔人发现，斑驴的皮非常轻盈，同时也异常结实，很适合用来给役畜制作挽具。

斑驴最喜欢和同类待在一起，也就是常说的群居动物。因此它们会争夺布尔人家畜的草料，这也是布尔人猎杀它们的另一个原因。

科学家们所知道的最后一群斑驴，生活在奥兰治自由邦，但这个种群于一八七八年灭绝。

事实上，人们花了多年时间才发现斑驴已经完全灭绝。一八八三年八月，在阿姆斯特丹的一座动物园里，荷兰唯一的一头斑驴（是一头母驴）死去了。直到没人能给动物园弄来新驴，人们才意识到，斑驴已经没有了！

你知道吗?

- 斑驴的天敌是狮子和鬣狗

- 皮毛呈褐色并带有少数暗色条纹的原因是, 为了适应开阔平原上的生活

- 斑驴是第一种DNA序列被完整分析出来的绝种动物

- 1987年开始的"斑驴计划", 正努力用斑驴和斑马的DNA再造斑驴

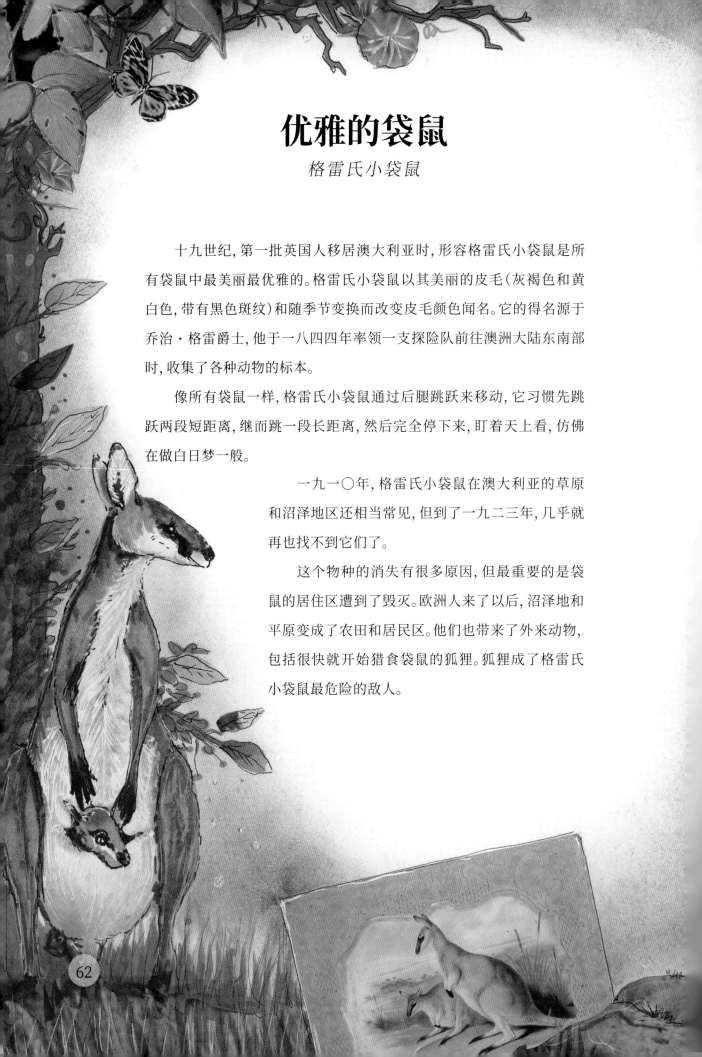

优雅的袋鼠

格雷氏小袋鼠

十九世纪,第一批英国人移居澳大利亚时,形容格雷氏小袋鼠是所有袋鼠中最美丽最优雅的。格雷氏小袋鼠以其美丽的皮毛(灰褐色和黄白色,带有黑色斑纹)和随季节变换而改变皮毛颜色闻名。它的得名源于乔治·格雷爵士,他于一八四四年率领一支探险队前往澳洲大陆东南部时,收集了各种动物的标本。

像所有袋鼠一样,格雷氏小袋鼠通过后腿跳跃来移动,它习惯先跳跃两段短距离,继而跳一段长距离,然后完全停下来,盯着天上看,仿佛在做白日梦一般。

一九一〇年,格雷氏小袋鼠在澳大利亚的草原和沼泽地区还相当常见,但到了一九二三年,几乎就再也找不到它们了。

这个物种的消失有很多原因,但最重要的是袋鼠的居住区遭到了毁灭。欧洲人来了以后,沼泽地和平原变成了农田和居民区。他们也带来了外来动物,包括很快就开始猎食袋鼠的狐狸。狐狸成了格雷氏小袋鼠最危险的敌人。

　　似乎这还不够,这些移民还带来了武器和格雷伊猎犬。有了这些装备,对于想获取美丽毛皮的猎人们来说,格雷氏小袋鼠就成了唾手可得的猎物。

　　二十世纪二十年代,人们开始采取措施保护这个物种。计划是让最后的几只格雷氏小袋鼠在人工饲养下繁衍后代,但整个计划以灾难告终:幸存的十四只格雷氏小袋鼠有十只在猎人试图抓捕的过程中死去了。

　　欧洲人抵达澳大利亚后,格雷氏小袋鼠仅存活了八十五年。这个物种的最后一只是一只雌袋鼠,育儿袋里还装着幼仔。它们死于一九三九年,随着它们的死,有关最美袋鼠的故事也就结束了。

你知道吗?

- 雌性比雄性高,大约能有85厘米高,但雄性的尾巴更长——可达73厘米
- 这些格雷氏小袋鼠主要吃草
- 非常社会化的动物,过着群居生活

惹麻烦的角

西非黑犀牛

直到一九九九年，生物学家才真正开始寻找保护西非黑犀牛的方法。科学家们招募当地人来追踪、搜寻最后的幸存者，但西非的喀麦隆局势很艰难，这里的贪腐和贫困现象很严重，道路经常被毁，遭遇武装团伙袭击的情况也时有发生，因此搜救行动变得很困难。科学家们所到之处，随处可见猎捕黑犀牛的非法陷阱，还有被偷猎者下了毒的水坑，但他们连一头黑犀牛也没找到。

后来在二〇〇四年，当地的追踪人员报告说，发现了三十一头活的黑犀牛的踪迹，生物学家再次升起了保护这种犀牛的希望！

不久之后发现，那些踪迹原来是追踪人员自己在地面制造的。他们这样做是为了保住自己的工作，这样他们才能养家糊口。由于十年来没有谁见过西非黑犀牛，于是该物种于二〇一一年宣告灭绝。

自从第一批欧洲人到达非洲以来，黑犀牛的数量便急剧减少。一开始，它们被猎杀只是为了玩乐，或作为食物来源，或因为它们对农业造成了威胁。黑犀牛消失的还有一个原因非常奇怪，那是因为有些人相信它们的角可以治病。

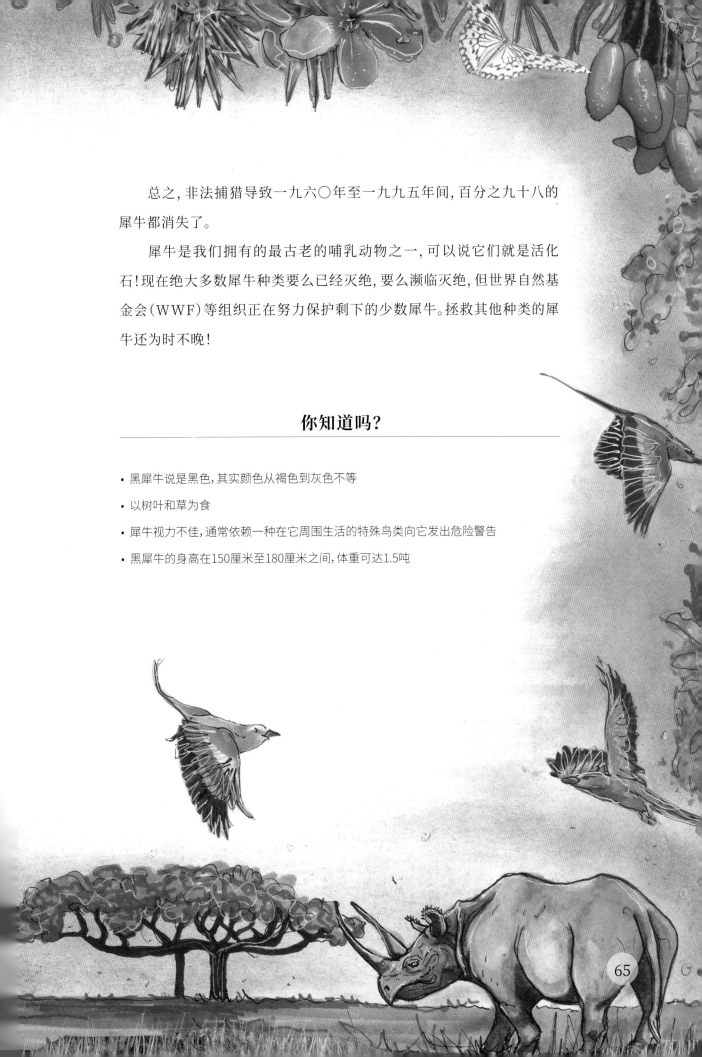

　　总之，非法捕猎导致一九六〇年至一九九五年间，百分之九十八的犀牛都消失了。

　　犀牛是我们拥有的最古老的哺乳动物之一，可以说它们就是活化石！现在绝大多数犀牛种类要么已经灭绝，要么濒临灭绝，但世界自然基金会（WWF）等组织正在努力保护剩下的少数犀牛。拯救其他种类的犀牛还为时不晚！

你知道吗？

- 黑犀牛说是黑色，其实颜色从褐色到灰色不等
- 以树叶和草为食
- 犀牛视力不佳，通常依赖一种在它周围生活的特殊鸟类向它发出危险警告
- 黑犀牛的身高在150厘米至180厘米之间，体重可达1.5吨

小硬汉

雷伯氏纹肢树蛙

这只小树蛙名叫小硬汉,它和它的整个物种是在二〇〇五年首次被发现的,当时一群生物学家前往巴拿马执行救援任务。在巴拿马的山区,一种真菌威胁到那儿所有两栖动物的生命,其中百分之八十五都灭绝了!救援队收集了成箱成箱的这种罕见树蛙的蝌蚪和成蛙,打算把它们带走,以便在安全的实验室中保护它们。

但是二〇一二年,只剩下了最后一只树蛙,也就是小硬汉。它在美国亚特兰大植物园里生活得很好,每周都被喂食蟋蟀并称重。马克·曼迪卡是该植物园两栖动物保护协调员,是他两岁的儿子给这只小树蛙起的名字。

树蛙在四脚末端有大圆盘状结构,也就是通常说的吸盘,脚趾之间有蹼,使它们能够在树间滑翔。像小硬汉这样的雄蛙还在前臂外缘有一

些突出部分,雷伯氏纹肢树蛙的名字由此而来。

按照科学家的说法,杀死小硬汉整个物种的壶菌病与人为气候变化有关,全球变暖导致气温升高,会让壶菌病的爆发更加严重。

小硬汉在植物园里活着的时候成了一个大明星,还拥有自己的网站页面。二〇一六年九月二十六日,小硬汉自然死亡,那时它至少已经活了十二年!

你知道吗?

- 这种树蛙可以通过身上产生不同数量的绿色斑点来改变皮肤的颜色
- 雄蛙体长可达9厘米,雌蛙可达10厘米
- 它是2005年首次发现,但直到2008年才被列为单独的物种
- 这是唯一一种雄蛙会用自己身上的皮肤细胞喂养蝌蚪的树蛙。

关于濒危动物的一些知识

- 濒危动物指的是那些物种存活的个体很少，种群有完全消亡的危险。

- 如果每年有一至五种物种消失，这是正常的，但科学家们发现，由于人类活动，我们现在每年失去的物种可能多达五万种！

- 一个物种宣告灭绝的条件是多年来没有任何人见过该物种，且已经进行了彻底的调查也未发现踪迹。实际已经灭绝的物种肯定比我们所知道的要多得多，因为需要多年和多轮的调查才能宣布一个物种灭绝。此前的规则是，如果一个物种五十年内没有任何人见过，就会被宣告灭绝。

- 许多物种仍未被发现，也许在有人记录它们之前就消失了。因此，我们其实无法知道每年究竟有多少物种消失！

- 一个物种天然经常出没的区域被称为栖息地。如果一个物种的栖息地受到很大程度的威胁，可能影响到种群自身，或者该物种受到疾病或捕猎的威胁，那么该物种即被定义为濒危。世界自然保护联盟（IUCN）的研究人员预测，在未来一百年内，近百分之五十的物种可能面临灭绝的风险！

- 美国一九七三年出台了一部保护濒危动物的法律，被称为《美国濒危物种保护法》。它记录了那些濒临灭绝的物种，并对非法射击、伤害、捕获或杀死这些动物的行为规定了限度。

- 在挪威，有一个记录各个物种情况的物种数据库，以及一份红色名录，记录了有可能在挪威灭绝的物种。

- 世界自然基金会（WWF）是一个致力于拯救和保护世界野生动物的组织。

你个人能做什么?

- 度假时,请确保不要购买由濒危物种制成的物品。例如,犀牛角雕刻品或稀有动物皮革制成的手袋。

- 了解你居住地区的濒危物种,昆虫、两栖动物、鸟类和哺乳动物——濒危物种随处可见。你所在的区域有什么物种是你可以施以援手的吗?

- 支持帮助濒危动植物的组织,如世界自然基金会(WWF)。

- 不要在你的花园里使用有毒物质来清除杂草,这对植物、动物和人类都没有好处。

- 回收垃圾。步行或骑自行车而不是开车,这样你造成的污染会少一些。

- 通过参观保护区和国家公园来支持它们。这些地区以良好的方式照顾着生活在野外的动物。

- 在野外时,请确保东西在哪里找到的就要留在哪里。例如,随身带上你的垃圾,只在能扔垃圾的地方扔垃圾。

把你所知道的这一切告诉其他人吧,
这样,更多人能参与进来!
大家一起,可以有所作为!